憲章（けんしょう）

この地球上（ちきゅうじょう）に於（お）いて

すべての生物（せいぶつ）は

この掛替（かけがえ）のない地球（ちきゅう）を、守（まも）る義務（ぎむ）があり

この地球（ちきゅう）を破壊（はかい）するものは

如（い）かなるものも許（ゆる）してはいけない

貴方に知って、もらいたい。

今、地球は泣いています。

悲鳴をあげています。

天に地に毎日のように警鐘が鳴り響いています。

この大事な地球の中に排出されるゴミの山、野や山、

川や海、毎日汚染されつづけているのです。

木々や草花、住むところを追いやられた動物達、数えあげたら

きりがない程、地球の仲間達が消えていきます。地球の中の

生物は皆、兄弟です。人間だけが特別ではないのです。

総てのものが平等でなければなりません。

現実を直視し、人間として、やらなければならないことを認識

して人間の英知とは、なにかを問いなおさねばなりません。

自然界は私達人間に警鐘を発し続けているのです。

何気ない平和な海底に
死を待っているのは、
いつも弱い者達である

馬鹿(ばか)な人間(にんげん)よ

愚(おろ)かなる、人間(にんげん)よ

地球(ちきゅう)の果(は)てまで破壊(はかい)する人間(にんげん)よ

おまえは、いったい何者(なにもの)ぞ

地球(ちきゅう)の覇者(はしゃ)となった人間(にんげん)よ

暗黒(あんこく)の中(なか)に蠢(うごめ)く人間(にんげん)よ

神々(かみがみ)を恐(おそ)れぬ人間共(にんげんども)よ

おまえは、いったい何者(なにもの)ぞ

地球最後の最終兵器
又どこかの国で、地球を
破壊している
悲しいことだ……
人間は悪魔と
取引をしたのか?

生体実験（せいたいじっけん）

次（つぎ）は、こいつで試（ため）そう!!

『エイズ蔓延』

え!

俺にもつけろと云うのか?

人間の命は地球よりも重し。誰かが云っていました。
人間の考えることの矛盾。
人間だけの、都合のいい矛盾。
この地球さえも、
宇宙さえも我がものとする、人間の矛盾。
命とは、どんな虫けらにも尊いのです。

『"スクープ"人間に臓器提供者現る!!』

人間は、なんとも無慈悲だ

こうまでして

そんなに長生きしたいのか

弱い者をいじめる
人間のもつ悲しい習性
こんな小さな子供達までが……
いったい親はなにを教えとる

一歩、歩けば傷をつける。
一言、発すれば傷をつける。
そこに人間がいるだけで殺される。
人間とは、ほんとうに恐ろしい生きものなのですか。

『打倒人間宣言』

我々も人間に勝る
軍隊がほしい!!

私達は、いづれ、この地球上から消えてゆく
者ですが……一言いいたい!!

汝の罪は許せない……

『スモッグの嵐』

おお神よ、あなたはいったい
人間に何を授け賜うたのですか……

『地球の温暖化は、地球のリズムを狂わせる』

いつかくる……
アフリカに氷山が着いた日

今度は宇宙を
侵略しようとゆうのか‼

畑に薬(毒)を撒く。それを人間が食べる。
人間とは恐ろしいものだ。こんなことが日常
繰り返されていることに気づかないなんて。

突然、イナゴやバッタが異常発生して草や木や穀物、
食えるもの総てを食いつくして丸裸にしていく

今、地球に
何かがおこっている……

あふれるような、ゴミの山(やま)、
これすべて文化(ぶんか)の結晶(けっしょう)とゆう……
文明(ぶんめい)とは、こんなにも地球(ちきゅう)を汚(よご)すのか!!
なんとゆう愚(おろ)かなことだ!!

地球は後、どのくらいもつだろうか。
あまりにも早い時代のおとずれと、そして過ぎゆく、恐ろしいほどの文化の流れの中に人間はいる。

次にくる新しい文化の到来を待ち望み、時代に取り残された物達への愛着はもちろんのこと、排他的に捨てられて暗黒の世界に追いやられてしまう物達の宿命。また、物に及ばず、生きる総てのものにまで浸食し、コントロールし、人間達の思うがままの世界にした。人間は地球を征服したかにみえる。

だが、どうだろうか。地球が人間達に復讐の機を待っているのではないだろうか。すくなくとも、地球のあちこちで、既に始まっている出来事は、前奏曲に違いないのです。

子供達にどう未来を語ればいいのか!

子供達は云う。私達、大人に問いかける。どう答えたら良いのか、未来のあることを、私達大人は本当に嘘のない心で、子供達に未来とゆうすばらしい世界のあることを確信をもって云えるだろうか。

文明とゆう社会が蔓延し、つぎつぎに夢が実現し、さらなる実現が実現を生み出し、果てしなく夢が現実のものとなる。世の中が欲望に拍車をかけ、人々はそれを幸福と感じ、錯覚している。

文明は、諸刃の剣である。

一方で新しいものが誕生し、一方で古いものが切り捨てられている。大事なことは、古き良き時代からの人間文化の心の継承である。

雄雄しき心、ゆるやかな先人達の大いなる遺産を大事にし、次なる未来をどう担ってゆくか、私達は未来のある子供にしっかりと伝えなければなりません。

人間の住むところ全部ゴミ捨て場
地球が悲鳴をあげている‼

オゾン層に穴があいて
私達は死に絶えていきます……
人間がオゾン層を破壊した!!

フロンは、地球の天井に穴を開けた。
オゾン層は減退し、紫外線は動植物の生命を脅かす。人間にとって、今、一番必要なことは心です。
やさしい心、想う心なのです。互いに慈しみあい、慈愛の心をもって、ほかの者達への愛情をそそがねばなりません。それが世界の、地球の平和につながるのです。

毎日のように地球の大地から、森林が消えていく。
地球創造のとき、神々が自然界の生物達に、地球のこの大地を、平等に海と陸地とを分けあたえた。だが人間は我がものとし、自然界のバランスを崩し、己のみの欲望に走り、この美しく調和のとれた地球をもはや崩壊の道へと導いているのです。

酸性雨は森林を破壊し、
山々は枯木の山となり、
生物の生きる総てを奪う!!

な、なんとゆう、キッカイな
誰（だれ）かがDNAを操（あやつ）っている。
又（また）しても悪魔（あくま）の仕業（しわざ）か!!

『グルメは人間の食文化とゆう』

次に来る……
究極の料理は人間しかない!!

『石油流出』

人間の生きる為のエネルギーはいろいろなところに犠牲を
強いり今日も広大な海に死をもたらせる

『異常気象は、
アフリカに降雪をもたらせる』

すでに、忍びよっているのです

人間共よ!!
この悲しい現実を
よ～く見なさい!!
犠牲者が毎日毎日
今も繰り返されて
いるのです

人間の貪欲なまでの金儲けの手段に
とうとう使われてしまった私達です

『森林破壊』

直径10センチの木から人間7人分の酸素を
供給している山々を丸裸にしている…
人間とは、なんとも恐ろしい
今に空気さえもなくなる

EPN乳剤・（毒性）

皮膚の色は脱色して中枢神経までも犯される

CAT……TPN……みんな毒

ゴルフ場には

今日も有毒な薬品が

ばらまかれている…

『文明の利器を人間は創造した』

しかしながら文明の利器は、
人間を狂人と化して多くの
犠牲者が後をたたない‼

一本のタバコの火が
森林を燃えつくす!!

薬物を流し込んだ川から
今朝、漁ってきたばかりの背骨の曲った魚。
サァー食ってみろ!!
タップリ染み込んだ
毒薬の味だ!!

『悲しい現実』

とうとう私達家族は、
人間の食文化とやらに毒されてしまった

『復讐は我にあり』

ここは緑におおわれた大草原だった
今、残るは、この広大な荒野に友のシャレコーベ……

馬鹿、間抜け、阿呆、気違い、
人間を貶す言葉は、いくらでもある。
愚者よ、
過ちを幾度繰り返したらよいのか。
人間とはなんと悲しい生きもの
愚者よ。

ノアの方舟は神がくだされた人間への
最後の生きのこりのチャンスだったはず。

『亡者共（もうじゃども）め』

サー…皆(みな)さん
並(なら)んで下(くだ)さい
ホルモン注射(ちゅうしゃ)で
いっぱい
太(ふと)りましょうね!!
私達(わたしたち)は日々(ひび)
薬(くすり)づけなのです……

『密殺』

ある動物園で
熊がふえすぎたとゆう
理由で、マビキをされて
しまったのです……
これは生きる者達への
冒瀆である!!

『神(かみ)の過(あやま)ち』

なぜに…
天(てん)は我々(われわれ)の上(うえ)に、人間(にんげん)を創(つく)り賜(たも)うた……のですか?

人間は、開けてはいけない蓋を開けてしまった!!

生命は神が創造したもの
いたずらに命をもてあそび
遺伝子を組替えるなど
もってのほかだ。
神を恐れぬ人間共よ
人間達に罰を与える。

地球は滅亡するだろう……

毎日のように、地球のどこかで警鐘が鳴り響いている。

これは人間達に自然界からの警告なのだ、

人間共よ、耳を澄せ!!

自然界の掟を破った人間共よ、聞こえないのか!!

地底からのマグマの叫びが聞こえないのか、

人間共よ耳を澄せ!!

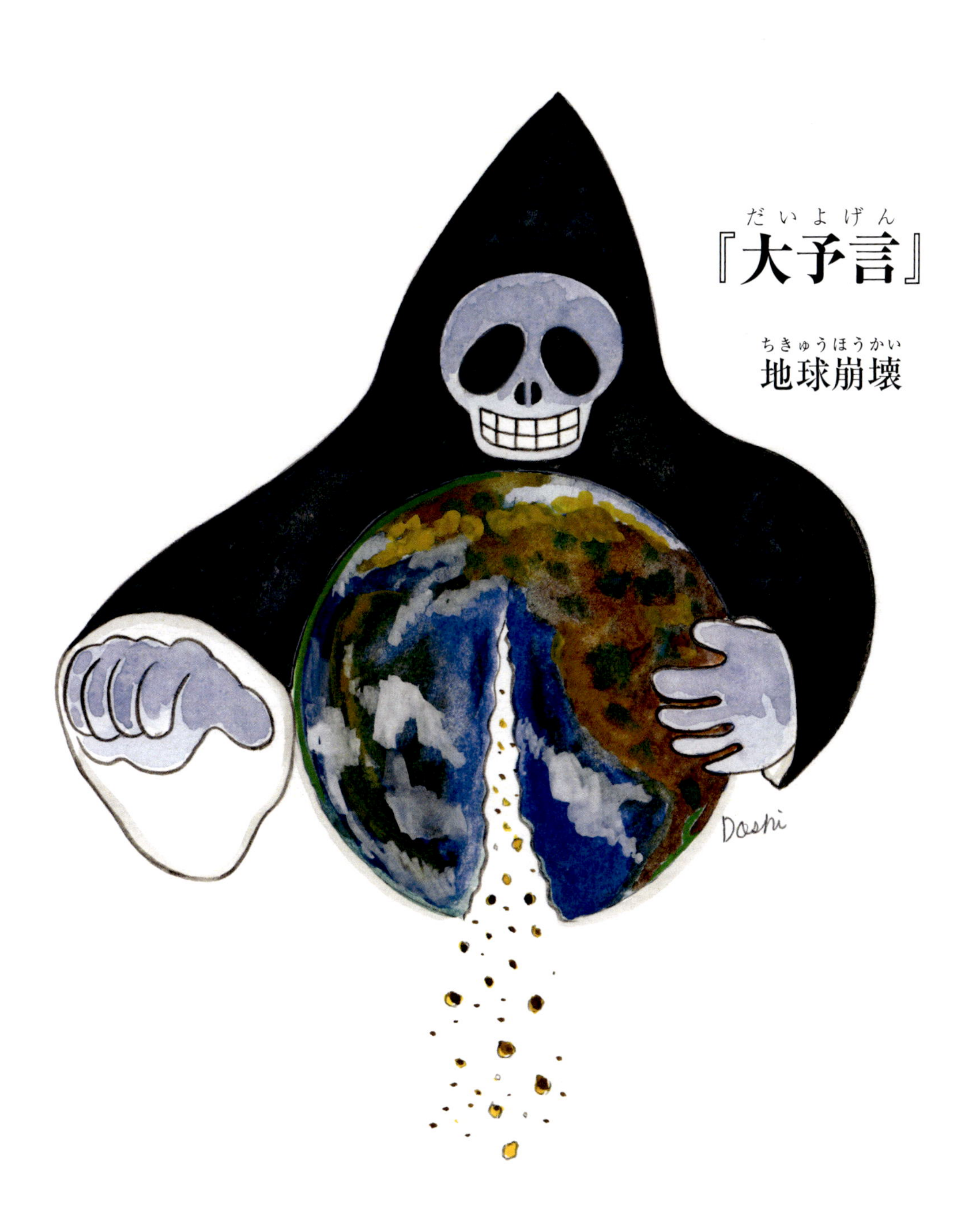

『大予言』

地球崩壊

ただ、ただ悔恨と反省の日々とゆうけれど?

人間は平気で嘘をつく
平気で涙を流す

『復讐』

とうとう堪忍袋の緒が切れた!!

何億、何千億年の昔、人間が誕生してから、科学は一日も休まず進歩し続け、あらゆるものを創ってきた。
いいものも、悪いものも、創ってきた。
そして今、問われていることは、その排他的な思想なのです。
何でも便利、何でも必要だからいいでは、
もはや地球は、それではすまされないのです。

アスベスト

0.02ミクロンという小さな繊維

肺に入りこんで突き刺さる

これは人間の汚れを
落とすものだ!!
落とした汚れは、いったい何処に
ゆくのか、わかっているのか!!
川や海に流れてヘドロに
なっているのを知っているのか!!

生きてゆくことを考えると
悩んでしまう……

何故!!
こうも人間ばかりが多いのだ!!
人間ばっか？
世界の人口2050年には93億人
毎秒3人誕生
1日約25万人もふえつづける
Doshi

コロンブス
新大陸発見!!
この時から地球は
滅亡の一歩を踏み
はじめた
Doshi

母よ断じて許すなかれ

人間達が、こうまでして地球を欺き、
地球を足げにして、
地球上の生物達が絶滅に瀕している今、
母なる大地よ、母なる地球よ、人間を断じて
許すなかれ。

太陽は陰り空は落ち
闇と化して
生きるもの総てを
沈黙の中に
私は先に旅立ちます

シャローム
悲しい言葉……

■著者紹介

あべ 童詩（どうし）　1941年生まれ。埼玉県在住。軽井沢にもアトリエをもつ。自分自身の人生経験を生かして、日本人が忘れかけていた大切な心を絵と詩で表現し続けている。革製品の職人としても40年以上の経験があり、繊細なデザインと高い技術に定評がある。

編集担当：西方洋一 / カバーデザイン：秋田勘助（オフィスエドモント）

地球からの警鐘　この子にきれいな海を返してください

2015年11月2日　初版発行

著　者　あべ童詩
発行者　池田武人
発行所　株式会社　シーアンドアール研究所
本　社　新潟県新潟市北区西名目所 4083-6（〒950-3122）
電話　025-259-4293　FAX　025-258-2801

ISBN978-4-86354-775-9 C0090